北京时代华文书局

图书在版编目（CIP）数据

当诗词遇见科学：全20册 / 陈征著 . — 北京：北京时代华文书局，2019.1（2025.3重印）
ISBN 978-7-5699-2880-8

Ⅰ. ①当… Ⅱ. ①陈… Ⅲ. ①自然科学－少儿读物②古典诗歌－中国－少儿读物 Ⅳ. ①N49②I207.22-49

中国版本图书馆CIP数据核字(2018)第285816号

拼音书名 | DANG SHICI YUJIAN KEXUE：QUAN 20 CE

出 版 人 | 陈　涛
选题策划 | 许日春
责任编辑 | 许日春　沙嘉蕊
插　　图 | 杨子艺　王　鸽　杜仁杰
装帧设计 | 九　野　孙丽莉
责任印制 | 訾　敬

出版发行 | 北京时代华文书局 http://www.bjsdsj.com.cn
北京市东城区安定门外大街138号皇城国际大厦A座8层
邮编：100011 电话：010-64263661 64261528
印　　刷 | 天津裕同印刷有限公司
开　　本 | 787 mm×1092 mm　1/24　　印　　张 | 1　　字　　数 | 12.5千字
版　　次 | 2019年8月第1版　　印　　次 | 2025年3月第15次印刷
成品尺寸 | 172 mm×185 mm
定　　价 | 198.00元（全20册）

自序

一天，我坐在客厅的沙发上，望着墙上女儿一岁时的照片，再看看眼前已经快要超过免票高度的她，恍然发现，女儿已经六岁了。看起来她一直在身边长大，可努力搜索记忆，在女儿一生最无忧无虑的这几年里，能够捕捉到的陪她玩耍，给她读书讲故事的场景，却如此稀疏……

这些年奔忙于工作，陪孩子的时间真的太少了！

今年女儿就要上小学，放眼望去，小学、中学、大学……在永不回头的岁月中，她将渐渐拥有自己的学业、自己的朋友、自己的秘密、自己的忧喜，直到拥有自己的家庭、自己的人生。唯一渐渐少了的，是她还愿意让我陪她玩耍，给她读书、讲故事的时间……

不能等到孩子不愿听的时候才想起给她读书！这套书就源自这样的一个念头。

也许因为我是科学工作者，科学知识是女儿的最爱，她每多了解一个新的科学知识，我都能感受到她发自内心的喜悦。古诗词则是我的最爱，那种“思飘云物动，律中鬼神惊”的体验让一个学物理的理科男从另一个视角感受到世界的美好。当诗词遇见科学，当我读给孩子，这世界的“真”“善”与“美”如此和谐地统一了。

书中的科学知识以一个个有趣的问题提出，目的并不在于告诉孩子答案，而是希望引导孩子留心那些与自然有关的细节，记得观察生活、观察自然；引导孩子保持对世界的好奇心，多问几个为什么。兴趣、观察和描述才是这么大孩子的科学教育应该做的。而同时，对古诗词的赏析，则希望孩子们不要从小在心里筑起“文”与“理”之间的高墙，敞开心扉去拥抱一个包括了科学、文化和艺术的完整的世界。

不得不承认，这套书选择小学语文必背的古诗词，多少还是有些功利心在其中。希望在陪伴孩子的同时，也能为孩子的学业助一把力。

最后，与天下的父母共勉：多陪陪孩子，趁着他们还没长大！

目录

唐 骆宾王

咏鹅
yǒng é

é é é qū xiàng xiàng tiān gē
鹅，鹅，鹅，曲项向天歌。

bái máo fú lù shuǐ hóng zhǎng bō qīng bō
白毛浮绿水，红掌拨清波。

释词

1 咏：用诗词等来赞颂或叙述，如咏梅、咏史。

2 项：脖子的后部，这里代指脖子。

3 歌：长鸣。

在一个青草池塘中，一群白鹅游来游去，表现出闲适自在的神情。洁白的羽毛，浮游在碧绿的水面上；红色的脚掌，拨动着清清的水波。伴随着圈圈优美的涟漪，它们脖颈弯弯，朝天欢叫，多么自在而又欢乐啊！

为什么鹅能浮在水面上，而人却不能？

一个物体能不能浮在水面上，关键要看它的密度，也就是同样体积大小时的轻重。如果比水重，就会下沉，而如果比水轻，就能浮在水面上。人的密度大约是水的 1.09 倍，比水重那么一点点，所以必须要做出各种划水或踩水的动作，才能保持浮在水中不沉。鹅身体的密度其实和人差不多，不过它有一件很好的外衣，就是它的羽毛。

鹅的羽毛中有很多空隙，里面充满了空气，而且它的尾部还长有能分泌油脂的油腺，鹅用嘴巴把油脂涂在羽毛上，使它们不容易被水浸湿。这样鹅的羽毛就变成了一条充气“小船”，把鹅的身体托在水面上。

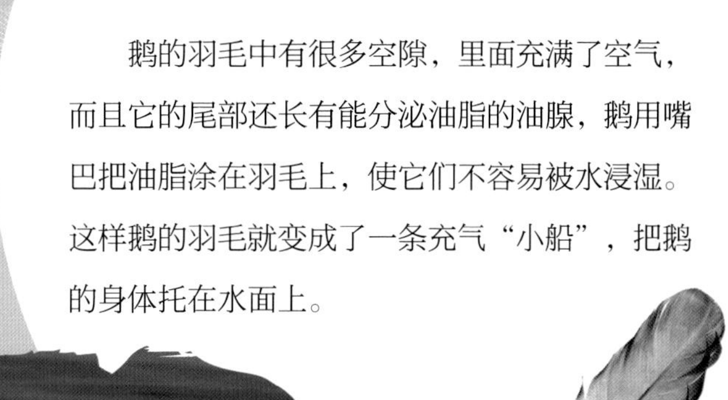

其他水鸟能够漂浮在水面的道理和鹅一样，都是因为它们有充满空气又涂有油脂的羽毛。鸡虽然也有羽毛，可是因为它的羽毛没有油脂的保护，很容易被水浸湿，所以鸡是不能长时间漂浮在水面上的。

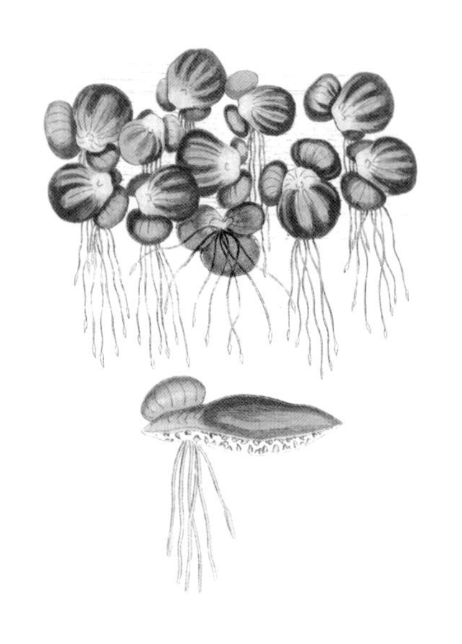

为什么水是绿的?

通常纯净的水是没有颜色的。但水是生命之源，自然界里的水中总会有大量的生命存在，除了我们看得见的鱼、虾、螃蟹、水草等生物，还有大量肉眼看不见的微生物和藻类。其中最常见的是因为含有叶绿素而呈现绿色的绿藻。

池塘的水不常流动，很容易聚集营养物质，而当水中的营养物质比较多时，绿藻就会大量繁殖，使得池塘中的水呈现出绿色。也就是说，绿色并不是水的颜色，而是水中绿藻的颜色。

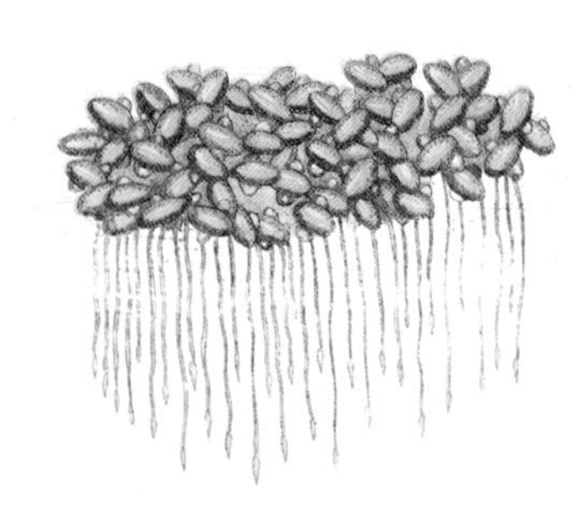

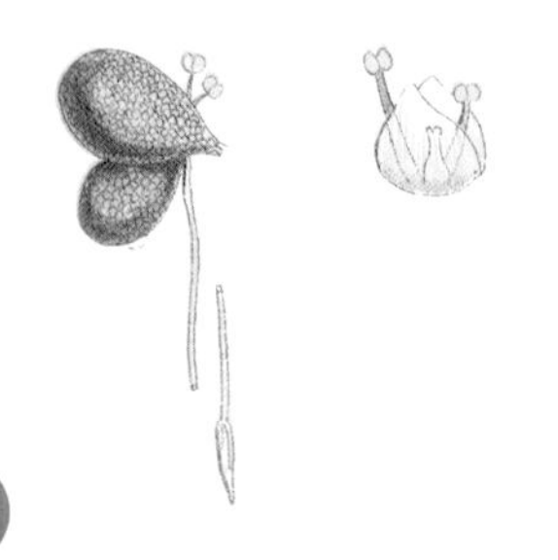

绿藻会吸收氧气，释放二氧化碳，当水中的绿藻太多时，水里的氧气大都被它们抢走，鱼虾等其他生物就会因为缺氧而死去。所以我们并不希望池塘的水呈现绿色，而是希望它越清澈越好。

家里的鱼缸长时间不清理会变绿，也是因为绿藻。因此我们需要经常过滤，去除水中的绿藻，防止它们大量滋生，威胁到鱼儿的安全。

风

唐 李峤

jiě luò sān qiū yè，néng kāi èr yuè huā。

解落三秋叶，能开二月花。

guò jiāng qiān chǐ làng，rù zhú wàn gān xié。

过江千尺浪，入竹万竿斜。

1 李峤 (qiáo)：少有才名，与杜审言、崔融、苏味道并称“文章四友”，其中杜审言为杜甫的祖父。

2 解落：吹落。

3 斜：倾斜。

热爱生活的人，总会有美的发现。李峤就是这样一位热爱生活的人，在他的笔下，连风都这么调皮可爱：风淘气得很，它亲吻漫山遍野的树叶，不一会儿，就满地金黄，光灿灿的，闪亮极了；风善良得很，它抚摸沉睡的花蕾，不一会儿，就满园缤纷，香喷喷的，热闹极了；风勇敢得很，它搅动宽阔的江面，不一会儿，就巨浪千尺，白花花的，壮观极了；风有力气得很，它摇晃葱茏的竹林，不一会儿，就倾斜万竿，齐刷刷的，震撼极了。啊！这就是风，一种带给我们生命律动的自然现象！

什么是风？

大科学家理查德·费曼曾说：“如果由于某种原因我们的科学知识全部丢失，只能留下一句话的话，这句话应该是‘一切东西都是由原子组成’。”我们可以把原子想象成一个个小球，它的大小只有足球的十亿分之一。这些非常非常小的家伙三个一堆五个一伙地手拉手又形成了分子。许多许多分子在一起，就构成了我们看到的各种东西。

空气虽然看不见摸不着，但也是一种物质，也是由原子和分子组成的。一个 500 毫升的空饮料瓶里的空气，就有大约 134 万亿亿个分子。当空气分子们像听到冲锋号的军队一样，一起向同一个方向前进时就形成了风。

风吹到物体上，其实是无数个空气分子持续不断地撞到物体上，这数以万亿计的撞击力加在一起，就形成了吹动树叶、卷起波涛的力量。

风的力量能有多大？

风的力量其实是千万亿个空气分子不断碰撞的力量。空气分子运转的速度越快，撞击产生的力量就越大，表现出来的风力也就越大。所以人们就按照风速来给风力分级。能做到“入竹万竿斜”的风差不多有5～6级，每秒能跑10米以上，比百米赛跑世界冠军的速度还快。而当风力达到10级，也就是每小时跑100公里的时候，就能够把大树连根拔起，损坏建筑物了。

风力歌谣

0 级烟柱直冲天，1 级青烟随风偏
2 级轻风吹脸面，3 级叶动红旗展
4 级风吹飞纸片，5 级带叶小树摇
6 级举伞步行艰，7 级迎风走不便
8 级风吹树枝断，9 级屋顶飞瓦片
10 级拔树又倒屋，11、12 级陆上很少见

yǒng liǔ

咏柳

唐 贺知章

bì yù zhuāng chéng yí shù gāo， wàn tiáo chuí xià lǜ sī tāo

碧玉妆成一树高，万条垂下绿丝绦

bù zhī xì yè shuí cái chū， èr yuè chūn fēng sì jiǎn dao

不知细叶谁裁出，二月春风似剪刀

释词

1 碧玉：碧绿色的玉，这里比喻春天嫩绿的柳叶。

2 一树：满树。一，满、全。在中国古典诗词和文章中，数量词在使用中并不一定表示确切的数量。如，“洞庭一湖”和“长烟一空”中的“一”都是全、满的意思。下一句中“万”表示很多的意思。

3 绦：用丝编成的绳带，这里指像丝带一样的柳条。

译文

高高的垂柳吐露翠绿的新叶，每一棵树都像是碧绿的玉装饰成的。轻柔的柳枝垂下来，被风一吹，就像万条绿色丝带随风起舞。远观近瞧，都婀娜生姿。谁有如此精巧之手，将柳叶裁剪得又细又长？哦，原来是二月春风这个能工巧匠。看，摇曳的柳枝似乎在向它连声道谢呢。

柳树的枝条为什么这么软？

柳树是中国原产的树种，它的适应性和生长能力都特别强。和其他树木一样，柳树的树干、树枝从里到外都是由髓、木质部、形成层和表皮四部分组成。其中最重要的是形成层，形成层的细胞不断分裂生长，向内形成木质部，向外形成表皮中的韧皮部。木质部含有很多木纤维，它们是让树木的枝干变得坚硬的原因，平时用木材做家具、做各种器物，主要利用的就是木纤维。而韧皮部中除了输送营养的管道外，还含有很多韧皮纤维，这些纤维虽然很柔软，但是韧性特别强。

柳树的树干木质部十分发达，坚硬的木纤维让柳树的主干能够长得又高又直，就像杨树一样；而柳树的枝条中木质部比较少，韧皮部特别发达，柔软而又坚韧的韧皮细胞让柳条柔软地垂下，随风摇曳却又不易折断。

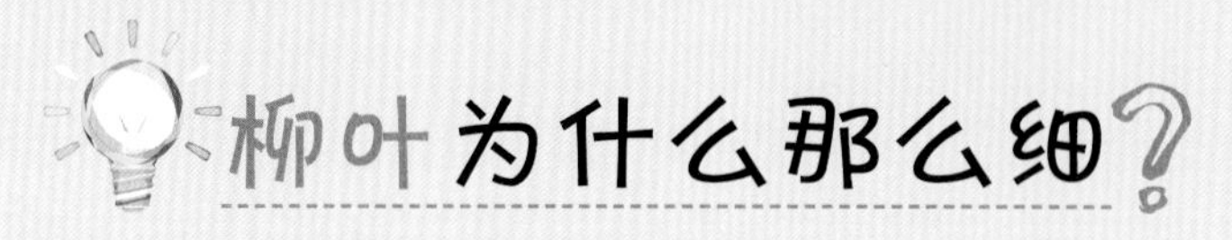

柳叶为什么那么细?

到底是什么决定了树叶的形状和大小？因为世界上有太多的树种，而它们又生活在各种不同的环境中，所以直到今天，科学家还不能告诉我们精确的原因。不过大体上我们知道影响树叶形状和大小的主要因素是温度和水分。

就像我们人有心、肺、肝、肾等不同器官，它们分别完成不同的生命工作一样，树叶也是树木的重要器官之一。树叶中的叶绿体通过光合作用为植物提供养料，同时叶子上的水分蒸发，为树根从土壤里吸收水和矿物营养并输送到树干、树梢提供了动力。

树叶越大，通过光合作用制造的养料就越多，但同时也会蒸发更多的水分。如果在比较干旱的地方，根系从土壤中吸收的水分有限，蒸发水分太多就会导致植物枯萎；同时由于水分蒸发会带走热量，如果气候比较寒冷，夜晚没有阳光温暖时，水分蒸发带走热量也会让叶子被冻伤。

所以一般宽大的叶子多是出现在水分充足、气候温暖的地方，比如热带雨林；而干旱地区的仙人掌，或是寒冷地区的松树叶子就非常细小。

我们中国大部分地区处于温带，树叶的大小一般介于两者之间，至于柳树的叶子为什么细长，也许和它的枝条柔软，细长的叶子在随风摇曳时不容易被损坏有关。

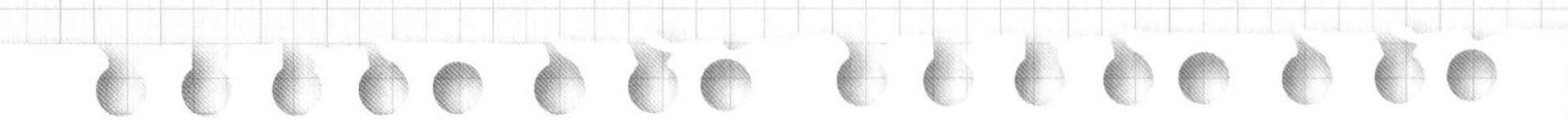

科学思维训练小课堂

① 想一想，除了鹅，还有什么动物能浮在水面上？它们之间有什么共同点呢？

② 找一找，你身边有没有“绿水”呢？

③ 根据风力歌谣，观察有风来时事物的变化，并记录一周风力级别。

扫描二维码回复“诗词科学”
即可收听本书音频

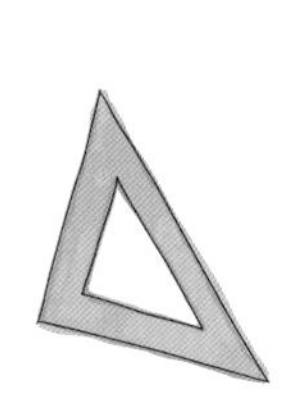